AF391356

LA RUCHE,

SOCIÉTÉ AGRICOLE-INDUSTRIELLE,

DE ROYER.

ACTE DE SOCIÉTÉ.

LYON,

IMPRIMERIE D'ISIDORE DELEUZE,

RUE SAINT-DOMINIQUE, 13.

1842.

LA RUCHE,

SOCIÉTÉ AGRICOLE-INDUSTRIELLE,

DE ROYER.

Les soussignés, MM. Reverchon, Jean-Joseph, propriétaire à Grédisans (Jura), et Boyron, Etienne, docteur
médecin, à Lyon,

Stipulant, tant en leur nom particulier que pour les
commanditaires qu'ils se réservent de s'adjoindre; avant
de passer à la rédaction du Contrat de Société qui fait
l'objet des présentes, ont exposé et arrêté ce qui suit :

1° L'agriculture est aujourd'hui, par le fait de l'éloigne-
ment des intelligences, des bras et des capitaux, dans un
état d'abaissement et de négligence; cet état doit, à
l'aide des conditions opposées, se transformer en une
prospérité croissante telle, que la production actuelle
peut être quadruplée ;

2o L'agriculture exploitée isolément renonce aux bénéfices considérables qui ressortent de la transformation
industrielle et manufacturière de ses produits; la com-
binaison sur place des ressources industrielles aux produits bruts de la terre doit en doubler et souvent tripler
la valeur;

3° L'agronomie et l'industrie sont obligées de passer
par les voies commerciales pour arriver au destinataire;

dans cette mutation il y a perte réelle pour le producteur et pour le consommateur;

4° L'éducation a besoin, dans sa généralité comme dans sa spécialité, d'être dirigée vers le but social de l'homme, c'est-à-dire vers le travail; l'éducation demande donc surtout à devenir professionnelle;

5° La terre de Royer, qui est acquise aux contractants, suivant les termes exprimés au présent acte, présentant par sa position, son étendue, la richesse de son sol, des avantages éminemment favorables aux opérations projetées, et considérant qu'il convient de faire participer le plus grand nombre possible à ces avantages, afin d'atteindre plus facilement le but proposé;

Les parties ont arrêté entre elles les clauses et conditions suivantes, sous lesquelles elles entendent traiter pour l'exploitation agricole, industrielle et commerciale des terres et dépendances de Royer.

ARTICLE PREMIER.

Sous le titre de LA RUCHE, Société agricole-industrielle de Royer, il est formé, sous la raison sociale Reverchon, Boyron et Cie, une Société en commandite par actions dont le but est l'exploitation agricole, industrielle et commerciale de la terre et dépendances de Royer, dont les inventaires et plans sont annexés à la minute du présent acte.

ART. II.

MM. Reverchon et Boyron sont les directeurs gérants seuls responsables et solidaires de cette Société, ils ont seuls la signature sociale, mais ils ne peuvent en faire usage que pour les affaires de la Société.

Ils sont habiles à faire tous les actes de gestion et d'administration, mais ils ne peuvent faire par contrat purement civil, aucun emprunt pour la Société.

ART. III.

Le siége de la Société est au local d'exploitation, au château de Royer, commune de St-Gérant-de-Vaux, arrondissement de Neuilly-le-Réal, département de l'Allier.

ART. IV.

La durée de la Société est fixée à quinze années, qui commenceront le 11 novembre 1842, et finiront le 11 novembre 1857.

OBJETS DE LA SOCIETE.

ART. V.

La Société a quatre branches d'opérations :

1° *Opérations agricoles.* A l'aide des procédés de culture les plus avancés et les plus lucratifs, porter le sol à sa plus grande puissance productive, réaliser cette puissance en produits agricoles.

2° *Opérations industrielles.* Par les forces réunies des bras, des animaux et des machines, transformer les produits bruts de l'agriculture en produits industriels manufacturés.

3° *Opérations commerciales.* Répandre par les voies commerciales les produits obtenus.

4° *Education théorique et pratique*, par l'établissement d'une ferme modèle, agricole-industrielle.

ART. VI.

MM. Reverchon et Boyron, gérants, apportent à la Société, indépendamment de leur temps et de leurs soins :

1° Une somme de 50,000 fr. pour cautionnement de leur gestion.

2° La propriété dite de Valty, attenante à la terre de Royer, laquelle propriété, d'une étendue de 72 hect. 60 centi., leur a été vendue pour le prix de 38,500 fr. Cette vente a été consentie à la condition de payer au vendeur une somme de 13,500 fr. comptant, non compris les frais de vente, et de payer le surplus par portions égales de 5,000 fr. pendant cinq ans.

3° Un bail à ferme, passé le 21 mai 1842 avec M. Chaverondier, propriétaire de la terre de Royer ; duquel bail il ressort que, moyennant la somme annuelle de 19,380 fr., M. Chaverondier leur a affermé sa terre et dépendances de Royer, dont l'étendue est de 585 hect., telle qu'elle est enregistrée à la matrice cadastrale, pour en jouir pendant quatre ans, durant lesquels MM. Reverchon et Boyron, seront tenus d'acquérir ladite propriété, sous peine d'abandonner les constructions et améliorations faites et de payer un dommage de 10,000 fr.

Il ressort de conditions particulières entre le propriétaire et les contractants : 1° que la propriété de Royer sera vendue pour le prix de 387,600 francs; 2° que les acquéreurs devront, au moment de la passassion de l'acte de vente, payer à M. Chaverondier la somme de 127,600 f. soit en argent, soit en garanties, fournies par l'acquisition de propriétés attenantes à Royer, et affranchies de toute hypothèque ; 3° que deux années après, ils paieront 60,000 autres francs ; 4° enfin, que dans les huit années qui suivront la vente, ils auront à payer le surplus.

4° L'engagement personnel qu'ils prennent solidairement de payer de leurs deniers la somme de 10,000 francs, montant du dommage dû au propriétaire, dans le cas où pour une circonstance quelconque l'acquisition de la terre de Royer, soit par eux, soit par la Société, ne pourrait s'effectuer dans le délai de quatre ans, ainsi qu'il est stipulé dans le bail du 21 mai 1842.

Il est expliqué que, pour satisfaire à la condition imposée par le propriétaire, de lui payer au moment de la vente, la somme de 127,600 fr., ou de lui en fournir en tout ou partie la garantie, au moyen d'acquisitions de propriétés attenantes à ladite terre : MM. Reverchon et Boyron (ou à leur défaut la Société elle-même), auront à payer seulement la somme de 94,000 fr. Cette somme jointe à celle de 33,600 fr. alors payée sur le domaine de Valty, représentera les 127,600 fr. qui doivent être payés au propriétaire. Le surplus du prix d'acquisition de la terre de Royer ainsi que les frais divers y relatifs, seront acquittés par la Société dans les délais prescrits, au moyen de ses ressources personnelles.

ART. VII.

Pour remplir MM. Reverchon et Boyron de leur apport et des engagements par eux contractés, il leur est attribué dans les 300 actions de 1,000 fr. chacune, formant le capital social de 300,000 fr., créé en vertu de l'article 9 ci-après :

1° 50 de ces actions numérotées de 1 à 50 , représentant la somme de 50,000 fr. qu'ils apportent en argent ou en à-compte payé sur la propriété de Valty.

2° 94 actions numérotées depuis 51 jusqu'à 144 , représentant la somme de 94,000 fr. qu'ils demeurent chargés de payer dans le délai de quatre ans, pour réaliser l'acquisition de Royer.

La propriété de ces 144 actions appartiendra à MM. Reverchon et Boyron, dans les proportions convenues entre eux.

ART. VIII.

Les 50 actions numérotées de 1 à 50 , sont déclarées inaliénables, et restent attachées au registre à souche pour garantie de la gestion de MM. Reverchon et Boyron ;

Quant aux 94 actions qui doivent compléter les 144 attribuées ci-dessus à MM. Reverchon et Boyron, elles demeureront attachées à la souche, et ne leur seront délivrées qu'en proportion des paiements qu'ils effectueront sur la portion de prix d'acquisition qu'elles représentent et contre des quittances authentiques.

Il est entendu que ces actions ne donneront droit à l'intérêt de 5 0/0 qu'au fur et à mesure de leur délivrance.

DU CAPITAL SOCIAL.

ART. IX.

Le capital de la Société est fixé à 300,000 f., et divisé en 300 actions de 1,000 fr. chacune. Sur ces 300 actions de 1,000 fr., 94 actions représentent les engagements pris par MM. Reverchon et Boyron, gérants, les 206 autres sont destinées, jusqu'à due concurrence, à fournir les capitaux nécessaires aux constructions, plantations, acquisition de cheptel, établissements d'industries et au roulement journalier des opérations.

ART. X.

Les actions sont tirées d'un registre à souche qui demeure déposé chez l'un des notaires de la Société.

Les actions sont numérotées depuis 1 jusqu'à 300, elles sont signées par MM. Reverchon et Boyron, gérants.

ART. XI.

Les actions sont nominatives et transférables ; ce transfert s'opère au moyen d'une déclaration faite par le porteur et par les gérants, tant sur le registre à souche que sur l'action elle-même.

ART. XII.

Tout souscripteur fera élection de domicile au siége de la Société et à défaut par lui de le faire, il sera censé avoir élu domicile en l'étude du notaire de la Société.

ART. XIII.

Le prix des actions est payable entre les mains des gérants ou chez les banquiers de la Société, MM. Robert et Meyrel, à Lyon; savoir : 1/5 d'ici au 1er juillet prochain, un autre 1/5 le 1er août suivant, et les derniers 1/5 de deux en deux mois. Cette disposition n'est pas applicable aux 94 actions attribuées à MM. Reverchon et Boyron, dont le prix sera réalisé aux termes des engagements exprimés dans le présent acte. Toute action ou portion d'action payée, porte intérêt à 5 0/0 du moment où son versement est opéré.

ART. XIV.

A défaut de paiement à l'échéance et après un simple commandement, resté sans effet pendant trois jours, l'action souscrite doit être vendue au profit de la Société, par le ministère d'un agent de change, aux risques et périls de l'actionnaire en retard, lequel demeure passible de la différence en moins que pourrait produire le prix de la vente, avec les intérêts à 6 0/0 des versements retardés, le tout sans préjudice des autres moyens de droit, et il ne pourra participer aux bénéfices qu'en justifiant le versement de la totalité de son action.

ART. XV.

Jusqu'au paiement final de chaque action, il n'est délivré qu'une promesse d'action nominative et transmissible, sous la garantie des cédants, quant aux paiements qui restent à faire.

ART. XVI.

Chaque action, indépendamment de l'intérêt à 5 0/0 par année, donne droit à $1/300^e$ dans la propriété et dans les bénéfices qui pourront résulter de son exploitation.

ART. XVII.

Dans aucun cas les actionnaires ne pourront être tenus d'apport à la Société au-delà de leur mise. Tout nouvel appel de fonds est interdit.

ART. XVIII.

MM. Reverchon et Boyron renoncent à tout traitement

fixe, mais il leur sera attribué, pour leur double gestion,
une part proportionnelle sur les bénéfices, après le
5 0/0 payé aux actionnaires, savoir : 1/5ᵉ pendant
les cinq premières années, 1/10ᵉ pendant les cinq suivantes, et 1/12ᵉ pendant les cinq dernières.—En outre,
la Société supportera leurs dépenses personnelles cou-
rantes, de logement, nourriture et voyages faits dans
l'intérêt de la Société.

ASSEMBLÉE GÉNÉRALE.

ART. XIX.

L'Assemblée générale représentant l'universalité des
actionnaires, ses décisions sont obligatoires pour tous,
même pour les absents ; elle se compose de tous les actionnaires propriétaires de trois actions. — Le porteur
de dix actions aura deux voix ; celui de cinquante
actions ou au-dessus en aura trois. En cas d'absence, tout
actionnaire peut se faire remplacer par un fondé de pou-
voirs, pourvu qu'il soit actionnaire lui-même.

La délégation de trois actionnaires propriétaires d'une
action donne au délégué actionnaire le droit de voter.

L'Assemblée n'est régulièrement constituée, qu'autant
que les membres votants réunissent par leurs actions, la
moitié du fonds social.

Si ce nombre n'est point atteint sur une première con-
vocation, il en est fait une seconde à quinze jours de dis-
tance, et les membres réunis sur cette seconde délibè-
rent quel que soit leur nombre.

ART. XX.

L'Assemblée générale est convoquée par les soins des gérants, au moyen de lettres adressées aux propriétaires d'actions, dix jours avant celui indiqué pour la réunion.

L'Assemblée générale se tient au siége de la Société, au château de Royer. Elle se réunit chaque année dans les deux mois qui suivent le 11 novembre, pour : 1º entendre et connaître le rapport des gérants sur la situation générale des affaires; 2º pour la présentation et l'épuration des comptes pour l'année écoulée; 3º pour la délibération, à l'effet de répartir les dividendes.

ART. XXI.

Toutefois, aucune répartition de dividendes ne sera faite pendant les quatre premières années, les bénéfices résultant de l'exploitation pendant ce temps, devant rester au fonds social pour améliorations, établissements d'industrie plus étendus, augmentation du capital, fonds de roulement, etc. Les actionnaires, pendant ces quatre ans, ne percevront que l'intérêt à 5 0/0 de leurs actions.

ART. XXII.

Chaque année il est dressé, par les soins des gérants, un inventaire général de l'actif et du passif de la Société; cet inventaire fait nécessairement partie des pièces présentées à l'appui des comptes, lors de chaque assemblée.

ART. XXIII.

Dès la cinquième année et d'après la situation des

affaires de la Société constatée par l'inventaire, l'assemblée des Actionnaires décidera s'il y a lieu à une répartition des bénéfices ; cette répartition s'opèrera de la manière suivante :

La moitié des bénéfices sera attribuée aux Actionnaires.

L'autre moitié sera affectée à la création d'un fonds de réserve, dont il va être parlé dans l'article suivant.

Le paiement du dividende sera fait chaque année à la caisse des banquiers de la Société, immédiatement après la réunion de l'Assemblée générale.

ART. XXIV.

Il sera établi un fonds de réserve formé par l'accumulation de la moitié des bénéfices annuels ; ce fonds est destiné à parer aux événements imprévus ; lorsqu'il s'élèvera à une somme excédant les besoins, l'Assemblée générale pourra, sur la proposition des Gérants, en faire l'application, soit partielle, soit totale, au remboursement d'une quotité quelconque de cette réserve et par à-compte sur chaque action, ou à l'acquisition de quelques propriétés utiles aux intérêts de l'exploitation ou de la Société.

ART. XXV.

Chaque fois que les fonds de la caisse s'élèveront à une somme supérieure à 10,000 fr., le surplus sera déposé chez l'un des banquiers de la Société, ou placé en rentes sur l'État.

DISSOLUTION DE LA SOCIÉTÉ.

ART. XXVI.

La Société finit par l'expiration des quinze années fixées pour sa durée; néanmoins, ce délai expiré, la Société, sur la déclaration formelle de la majorité des deux tiers des actionnaires, pourra se continuer sur les mêmes bases, ou se reconstituer avec les modifications que l'expérience aurait rendues nécessaires.

ART. XXVII.

La dissolution peut être prononcée avant cette époque, sur la demande de l'Assemblée générale; mais dans le cas seulement où les pertes éprouvées par la Société, s'élèveraient à plus d'un quart du capital social.

ART. XXVIII.

Dans l'une ou l'autre position, il est procédé à la liquidation des droits de tous les intéressés, suivant le mode qui en est alors déterminé par l'Assemblée générale.

ART. XXIX.

La Société ne finit pas par le décès ou la retraite de l'un des deux gérants ; il est pourvu à son remplacement de l'une des deux manières indiquées ci-après. Dans aucun cas, ni lui, ni ses héritiers ou ayant-cause, ne pourront faire apposer les scellés sur les registres, papiers et bureaux de la Société.

ART. XXX.

Chacun des gérants se réserve le droit de se démettre de ses fonctions en faveur d'un actionnaire qu'il désignera; mais il ne pourra user de ce droit qu'après trois années d'exercice.

Son successeur jouira de tous les avantages qui lui sont accordés; il devra néanmoins être agréé par l'Assemblée générale.

ART. XXXI.

Dans le cas du décès de l'un des gérants , sa veuve, ses enfants ou ayant-droits devront, dans les trois mois qui suivront son décès, lui donner un successeur , en se conformant au deuxième paragraphe de l'article précédent.

Si ce successeur n'était pas agréé par l'Assemblée générale , il serait accordé aux ayant-droits du décédé un nouveau délai de trois mois , à partir de l'époque de ce refus.

ART. XXXII.

Le gérant démissionnaire ne peut quitter ses fonctions qu'après l'installation de son successeur.

ART. XXXIII.

En cas de décès de l'un des gérants, ou l'absence de sa part sans nomination de délégué, l'*intérim* est rempli par l'autre gérant, ou par un délégué désigné par lui.

ART. XXXIV.

Dès que le successeur de l'un des gérants est agréé, le

raison sociale est changée, et ce changement est publié conformément à la loi.

ART. XXXV.

Si quelques changements, modifications ou additions étaient jugées nécessaires ou utiles, ils ne pourraient avoir lieu que d'après le consentement des propriétaires de la moitié au moins du fonds social, réunis en assemblée générale à cet effet.

Fait à Lyon, le 1er juin 1842.

REVERCHON, BOYRON.